DER UNTERSBERG

Sagen vom mystischen Berg im Berchtesgadener Land

Von Jana Pordiáz

Erstauflage 12/2013

Inhaltsverzeichnis

Vorwort

Der knapp 1993 Meter hohe, aufsteigende Berg zählt zu den sagenreichsten Erhebungen in ganz Europa. In den Untersberg sind dem Volksglauben nach Kaiser Barbarossa und Kaiser Friedrich II. entrückt, erst nach dem 15. Jahrhundert Kaiser Karl der Große. Der Kaiser schläft zusammen mit seinem Gefolge im Berg, solange bis „des Reiches Not hoch gewachsen", und die Raben nicht mehr um den Gipfel kreisen. Sodann erwacht der Kaiser und reitet mit seinen getreuen Dienern zur letzten Schlacht zwischen Gut und Böse auf das Walserfeld. Nach siegreichem Kampf bricht das „Goldene Zeitalter" herein.

Der Untersberg, auch als Votans- oder Mitternachtsberg bekannt, war früher der Berg der Kelten und lockt aufgrund seiner über 400 Höhlen und bekannten Zeitphänomene seit je her zur Entdeckung an.

Überlieferungen nach, steht in einem alten Volksbüchlein geschrieben:

Damals, zur Zeit der Heiden höhlte ein wildes Zwergvolk den Untersberg aus. Seitdem dehnen sich seine Säle und Hallen mächtig in alle Richtungen aus. Wundervolle Blumen blühen, grüne Matten breiten sich unter ihm aus, reiche Wasserfälle und Brunnen fließen. 12 Geistergänge sollen aus dem Berg hinaus ins deutsche Land hinweg führen. Diese unterirdischen Gänge des Untersberges funkeln von edelstem Gestein. Auch auf seiner Oberfläche soll der Berg allerlei Schätze verbergen. Die Hüter der Reichtümer sind die „Untersberger Manndl". Jahrhunderte lang galt der Untersberg bei Nacht als ein eher unheimlicher Ort, der besser gemieden werden sollte, da unselige Geister dort hausen sollen. Zu früheren Zeiten sollen in dieser Gegend Menschen spurlos verschwunden sein.

Riesen, Wildfrauen und Zwerge bevölkern dem Volksglauben nach den Untersberg. Man sprach von einer nächtlichen wilden Jagd im großen Moor am Nordfuß des Berges. Unermessliche Schätze liegen noch heute in seiner Tiefe. Edelleute, Ritter, Zwerge allesamt sind mit dem Kaiser in einem tiefen Schlaf in Tiefen des Berges versunken.

SYMBOLISCHE KRAFTFELDER
DES OBERSALZBERGES

Die Gnotschaft Obersalzberg bestand Anfang der 1920er Jahre aus Bauernlehen, Hotels, Gasthäusern und Sanatorien. 1877 hatte eine tüchtige Frau, Mauritia Mayer, das Steinhauslehen am Obersalzberg gekauft und in die Pension Moritz umbenannt. Sie brachte den Ruf des "Luftkurortes" an den Obersalzberg. Populäre Schriftsteller wie Voss oder Ganghofer verbreiteten den Mythos vom Untersberg, das bayerische Königshaus gab dem Land die Weihe. Die Zahl der Kurgäste in Berchtesgaden stieg von knapp 6.500 (im Jahre 1890) auf 22.400 (1914). Das soziale Ambiente war gemischt aus Bürgern, Aristokraten und Künstlern.

Knapp 15 Jahre darauf wurde aus der Idylle eine Dauerbaustelle. Der Bergwurde mit Technik umzogen und immer mehr Absperrungen schlossen das Traumdomizil. Der Obersalzberg lag an der Grenze zu Österreich. Gegenüber baute sich der Untersberg auf, ein bayerischer und österreichischer Berg.

Salzburgs Pläne, im Jahr 1938 eine Seilbahn auf dem Gipfel des Untersberges zu errichten, konnte verhindert werden, Begründung war die Beeinträchtigung des Ausblickes und die Beraubung in seinen Geheimnissen. Dass sich gerade der Untersberg zum Brennpunkt der Sagenbildung entwickelt hat, dürfte wahrscheinlich an seinen nachweislich über 400 geheimnisvollen Höhlen liegen.

ZEITPHÄNOMENE AM UNTERSBERG

Für "Eingeweihte", stellt der 15. August jeden Jahres ein bedeutendes Datum dar.

Die Öffnung............Des Tores in den Berg.

Eine Zeitmaschine?

Eine Öffnung zum Hineinklettern?

Ein Tunnel?

Theorien und Behauptungen überliefern:

In der Nähe des Berges befindet sich eine eiserne Pforte. Durch diese kann man in den Untersberg gelangen. Sie ist jedoch nur am 15. August (Himmelfahrtstag) und auch nur für einige Momente (in der Mittagsscharte auf 1800 Metern Höhe, wenn die Sonne zu einer bestimmten Zeit und Stelle über dem Berg steht) sichtbar. Den ältesten germanischen Sagen nach, wartet tief im Untersberg ein unbezahlbarer Schatz aus Gold, Silber und Edelsteinen. Dort wartet aber auch Wotan oder Odin, die höchste germanische Gottheit, mit seinem gesamten wilden Gefolge, auf seine Widerkehr. Die Götter verweilen solange in ihrem Tiefschlaf, bis die beiden Götterraben Hugin und Munin (Gedanke und Gedächtnis) nicht mehr um den Untersberg kreisen. Sodann werden auch die Menschen in großer Not sein.

Es wird auch immer wieder von Höhlen berichtet, die einen Menschen bis zu 50 Jahre in die Zukunft versetzen sollen. Im bekannten „Zauberberg" soll die Zeit etwas anders ticken. So heißt es beispielsweise in alten Sagen, dass Menschen, die in eine Höhle gestiegen sind, obwohl sie nur kurze Zeit in den dunklen Gängen verbrachten, erst in ferner Zukunft wieder aus der Höhle herausgekommen sind.

Ebenso wird von einem Schacht, aus dem Stimmen drangen und - Brunnen, aus dessen Tiefe Geräusche von Schritten zu hören waren, erzählt. Ein durch die „Zauberhöhle" in den Untersberg gelangter Wanderer wird hier höchster Wahrscheinlichkeit nach nicht direkt in die „Zeitmaschine" gelangen, sondern um sie führende Felsengänge vorfinden. Durch diese Art „Raum-Zeit-Randfelder" ist es möglich, in die Zukunft versetzt zu werden, zumeist wenige oder mehrere Woche, nur selten bis zu mehrere Jahre.

Die bekannte Formel hierzu lautet "E = mc2"

1846 wurde sie vom deutschen Physiker Prof. Wilhelm Weber in seinen wissenschaftlichen Aufzeichnungen angegeben.

Eine Gruppe aus drei Wanderern ist am 16. August des Jahres 1987 nach der Begehung des Untersberges nicht mehr zurückgekehrt. Ihr Auto hatten die drei Bergsteiger beim Dopplersteig in der Nähe des Walserberges abgestellt. Nachdem die Gruppe als vermisst gemeldet worden war, wurde ihr Auto gefunden und eine wochenlange, vergebliche Suchaktion gestartet. Es gab kein Lebenszeichen der Wanderer, sie waren wie vom Erdboden verschluckt. Erst einige Wochen später tauchten die drei unversehrt, gesund und munter auf einem Dampfer in Ägypten wieder auf. Von dort aus meldeten sie sich das erste Mal per Funkgespräch nach Deutschland, welches zu einem späteren Zeitpunkt von der zuständigen Polizeibehörde bestätigt wurde.

Es wird vermutet, dass die drei Wanderer eine Art „Zeitreise" angetreten haben, welche Ihnen selbst nur als überaus kurze Reise vorgekommen sein müsste. Wenn Sie in ein Zeitfenster geraten so ist es beispielsweise möglich, dass sie von der „Aussenwelt" bereits stunden- oder tagelang gesucht werden, der Aufenthalt im Berg Ihnen selbst aber nur vorkommt wie 2 Minuten. Auch die Zeit der Armbanduhr wird in solchen Zeitfenstern gar nicht oder nur sehr viel langsamer vergehen.

DIE BEWOHNER DES UNTERSBERGES

Zwerge gelten für die Urbewohner der Erde als uralte, und aus Steinen geschaffene, Wesen. Klein und winzig von Gestalt erreicht ihr Wachsam nur die Größe eines kleinen, etwa dreijährigen Kindes. Die Zwerge sehen zwar menschenähnlich aus, sind aber hässlich, ihre Gesichtsfarbe ist aschgrau.

Ihr übermäßig großer Kopf wird meist von einem Hut gedeckt, der übrige Körper von grober, dunkler und schmutziger Kleidung gedeckt. Sie leben in den Höhlen und Klüften des Untersberges und hüten dort ihre Schätze oder gehen ihrer Arbeit, dem Bergbau, nach.

Die Zwerge werden zwar einerseits als ein gutmütiges und hilfreiches Volk, andererseits aber auch als äußerst boshaft und falsch, beschrieben. Sie lieben Musik und Tanz und scheuen es deshalb auch nicht, sich bei Festen und Feiern den Menschen zu nähern. Im Allgemeinen versuchen sie jedoch, sich von den Menschen fernzuhalten, da sie als Eindringlinge verstanden werden.

Sagen vom Untersberg

DER BIRNBAUM AUF DEM WALSERFELD

Auf dem Walserfeld bei Salzburg steht ein uralter Birnbaum, dürr und abgestorben seit langer Zeit, und ist auch des Öftern gar umgehauen worden, aber durch seine eigene Kraft trieb die Wurzel immer wieder aus, sodass der Baum emporwachsen konnte. Von diesem Baum aus geht nun eine alte Weissagung, dass er bald wieder anfangen werde zu blühen und Früchte zu tragen. Wenn das geschieht, wird der verzauberte Kaiser und es wird eine schreckliche Schlacht zwischen Gut und Böse geben. Dieses geschieht aus der göttlichen Kraft, da kein Mensch der Erde mehr bereit ist, dem andern brüderliche Liebe zu geben. Wenn der Baum beginnt auszutreiben, wird die Zeit der Not kommen, wenn er aber gar beginnt Früchte zu tragen, wird die Schlacht beginnen und der Fürst wird seinen Schild an den Baum hängen. Auf den Feldern wird das Blut vergossen werden bis an die Knöchel und in die Schuhe. Die Vornehmen werden wünschen, insgesamt auf einem Sattel davonreiten zu können. Nur die Guten werden von den Riesen des Untersberges beschützt und gerettet, die Bösen aber alle getötet werden. Die Schlacht soll so schrecklich sein, dass sie das gesamte Volk zerstören wird.

Ein Fürstensohn wird gegen Abend den Fuß des Untersberges erreichen und wie sich mit der Nacht das Schlachtgetümmel erhebt, tritt ihm ein graubärtiger Herold entgegen, ihm winkt zu folgen. Er führt ihn in die Tiefe des Wunderberges, immer tiefer und tiefer. Da greift der greise Führer in den Felsen, und es öffnet sich ein weiter Thronsaal in herrlichem Glanze. Und in ihm zehntausend Ritter und hunderttausend Lanzenknechte, zum Kampfe gerüstet. An einem runden Tische inmitten des Saales saß der Kaiser im Reichsschmuck, mit lichtweißem Barte, der, um den Tisch in langen Silberwogen wallte. Um ihn her aber die sieben Kurfürsten des Reichs.

Da tritt des Kaisers Tochter heran, begibt sich zu dem Tisch und misst des kaiserlichen Vaters Bartlänge; der aber reicht erst 2 Mal um den Tisch. Da erstarrt sie vor Schmerz, und mit dem Mitternachtsschlag ist alles erloschen und versunken. Der Herold aber spricht zu dem Fürstensohn, der des Kaisers Tochter hatte umarmen wollen:

„Und alle, die da unten hausend,
Mit ihm und ihr du hast geschaut,
Sind ein versteinertes Jahrtausend,
Das täglich auf ins Leben taut,
Um täglich wieder zu erstarren;
Und so muss Kaiser, Kind und Herr
So lange der Erlösung harren,
Bis um die Tafelrunde her
Des Kaiserbartes Silberwogen
Die Tochter dreimal hat gezogen.

Und wenn der Bart so groß geworden,
Ach, ist das große Volk so klein!
Und selber wird es sich ermorden,
Und Treu und Glauben nicht mehr sein.
Dann kommt ein Fürst aus deinem Stamme
Zum Berg und seinem Schauerraum,
Und hängt des Volkes Oriflamme,
Sein Schild an jenen morschen Baum,
Und wird er wieder Blüten tragen,
Dann wird die Rettungsschlacht geschlagen.

Da bricht aus unterirdischem Saale
Das Heer hervor aufs Walserfeld
Und kämpft und siegt. Zum zweiten Male
Erschafft das große Volk der Held.
Dann wird er Reich und Tochter geben,
Des Rüstung diese Perlen da
Die Tränen dieser Nacht umweben,
Die Tochter heißt Teutonia;
Der Prinz? Wer kann Antwort verlangen?
Wer sagen, wo er hingegangen?"

-

LAZARUS GITSCHNERS AUFENTHALT
IM VERWUNSCHENEN BERG

Im Jahre 1529 stand Lazarus Aigner, aus Bergheim bei Salzburg, in den Diensten Herrn Stadtschreiber zu Bad Reichenhall. Da fügte es sich, dass Aigner mit seinem Herrn, dem Pfarrer Martin Elbenberger, den Untersberg bestieg. Unterhalb des Hochthrons kamen sie an eine Art Felsenkapelle. Dort waren in die Wand mehrere Buchstaben eingehauen, welche sie lange anschauten und lasen, ohne indes deren Sinn und Inhalt enträtseln zu können. Als sie wieder zu Hause angekommen waren, wollte dem Herrn Pfarrer die rätselhafte Inschrift nicht aus dem Kopfe, und er bat Lazarus, nochmals auf den Berg zu gehen und die Buchstaben abzuschreiben. Lazarus tat wie ihm befohlen und wanderte vor sich hin. Schon bald fand er auch die Schrift und schrieb sie genau ab:

S. O. R. G. E. I. S. A. T. O. M.

Inzwischen war es abends und Lazarus beschloss auf dem Untersberg zu übernachten. Er stand am Donnerstagmorgen gestärkt auf und trat den Heimweg an. Eine Weile war vergangen, als plötzlich zu seinem Erstaunen ein barfüßiger Mönch vor ihm stand.

Er sprach zu Lazarus: „Lege Deinen Hut hier nieder, so kannst Du später auch wieder hinaus, und so du hierinnen sein wirst, sprich zu Keinem ein Wort, es sage Einer zu Dir, was er wolle. Mit mir aber darfst Du reden und mich alles fragen. Merke auch, was Du siehst und hörst." Nun schritten beide durch das Tor. Da sah Lazarus einen großen Turm mit einer goldenen Uhr geziert. Der Mönch sagte: „Schau auf welcher Stunde der Zeiger steht und um welche Stunde es ist." Es war sieben Uhr. Weiter stand ein schönes Gebäude mit Glockenturm, in einer üppig grünenden Wiese. Ein dunkler Tannenwald umrahmte das fantastische Bild und ein monumentaler Brunnen spendete aus zwei Rohren frisches, erquickendes Quellwasser. Auf der Wiese standen Obstbäume voller Früchte. Lazarus trat mit dem Mönch in das Gebäude und gelangte in eine Kirche. Der Mönch führte ihn bis zum Hochaltar und hieß ihn dort zum Gebet niederzuknien. Er sprach: „Bleibe hier bis ich wiederkomme und dich hinwegführe. Lazarus tat, wie ihm geheißen. Es dauerte nicht lange und schon kamen über eine große breite Stiege alte und junge Mönche. Sie schauten ihn gar ernst an, sagten aber kein Wort, sondern verfügten sich vor zum Chor. Darauf hüben alle Glocken zu läuten an und das Volk, beiderlei Geschlechtes, strömte in die Kirche. Auf allen Altären wurde Messe gelesen und am Hochaltar ein feierliches Hochamt zelebriert. Alle Orgeln begannen zu spielen und so herrlich es wurde gesungen. Als der Gottesdienst vorüber war, verließ das Volk die Kirche und die Mönche gingen dieselbe Stiege wieder hinauf.

Um 12 Uhr kam der Mönch und rührte Lazarus über die mehrgenannte Stiege, die achtzig Stufen zählte, in eine große Vorhalle, die zu beiden Seiten große, unverglaste Fenster zeigte. Von dieser Vorhalle gelangten sie in den Convent mit vielen Fenstern. Lange Tische standen das und an einen kam Lazarus zum sitzen. „Da bleib jetzt, mein Lazarus" - sprach der Mönch – „Ich will dir zu essen und zu trinken geben." Und derweil er darum ging, sah Lazarus zum Fenster hinab und erblickte eine große Menge des Volkes. Nicht lange, so kam der Mönch wieder zurück und brachte ihm Fleisch, Kraut und Gerste, einen Laib Brot und ein Glas Wein. Nach beendeter Mahlzeit führte der Mönch den Aigner in die Bibliothek, deren Wände angefüllt waren mit Büchern. Von da aus blickte Lazarus wieder ins Freie und sah viele Bischöfe und Herren in prachtvollen Gewändern. Und da er fragte, wer dieselben wären, so sagte der Mönch: „Es sind alte Kaiser, Könige, Fürsten, Bischöfe, Ritter, Herren und Knechte, Edel und Unedel geborene, Frauen voll Frömmigkeit und Herzensgüte, wie überhaupt nur gute Christen, welche den christlichen Glauben in der letzten Zeit des Bestandes der Welt erretten und verteidigen werden." Darauf zeigte er ihm die Bücher und las ihm daraus vor. Lazarus fand hierin auch die rätselhafte Inschrift, die er für den Pfarrer abgeschrieben hatte.

Nach der Complet, die dem Abendbrot folgte, versammelten sich die Mönche, jeder mit einem großen Buche, und zogen in den großen Turm, in welchen Lazarus bei seinem Eintritt in den Untersberg gekommen war. Auf beiden Seiten gab es sechs, zusammen also zwölf Türen. „Durch diese Türen gelangt man" - sprach der Mönch zu Lazarus – „in die Domkirche zu Salzburg, in die Kirche nach Bad Reichenhall, nach Feldkirch in Tirol, nach Gmain, nach Seekirchen, nach St. Maximilien, nach St. Michael, nach St. Peter und Paul bei Hall, nach St. Zeno, nach Traunstein, nach St. Dionysien und St. Bartholomä am Königssee." Diese Nacht gingen sie nach St. Bartholomä. Als sie ein Stück des Weges zurückgelegt hatten, sagte der Mönch zu Lazarus: „Jetzt gehen wir tief unter dem Königssee!"

Gegen Mitternacht kamen sie in der Kirche zu an und sangen da die Mette. Nach derselben kehrten sie wieder in den Untersberg zurück. In der nächsten Nacht wanderten sie in die Domkirche nach Salzburg. In den folgenden fünf Nächten wiederholten sich diese Kirchgänge, doch galt der Besuch jedes Mal einer anderen Kirche. Am letzten Tage las der Mönch Lazarus aus den großen Büchern von alten Geschichten und Weissagungen vor. Während sie so sprachen und zum Fenster hinausblickten, sahen sie den Kaiser, wie er mit dem Volke gar leutselig umsprang. Sein Haupt zierte eine goldene Krone und in seiner Rechten trug er das kaiserliche Zepter, sein grauer Bart reichte bis zum Gürtel. Der Mönch sprach zu Lazarus: „Das ist Kaiser Friedrich, welcher einst auf dem Walser Felde verzückt wurde. Er trägt noch das nämliche Gewand, wie damals."

Weiter sah Lazarus noch andere Fürsten und Herren, Herzog Albrecht von Bayern mit seiner Hausfrau, Erzbischof zu Salzburg, Leonhard von Keutschach, den Prälaten von St. Peter, Stiftspropst von St. Zeno und viele andere.

Am siebenten Tage des Aufenthaltes im Untersberg sagt der Mönch zu Lazarus, nachdem, sie von der Kirche gekommen waren: „Lazarus, nun ist es Zeit dass Du wieder hinausgehest oder willst du hier bleiben, so magst Du es auch tun." Doch er meinte, ihn verlange nach der Heimat. Der Mönch gab ihm darauf noch zwei Laib Brot mit auf den Weg. Er führte ihn zur Tür, durch welche er gekommen war. Als Lazarus auf Verlangen seines Begleiters auf die Uhr schaute, zeigte der Zeiger genau dieselbe Stunde wie er gekommen - 7 Uhr. Wieder in der Außenwelt angelangt, sprach der Mönch zum letzten Mal zu Lazarus: „Schau Lazarus, dass Du Deine Erlebnisse im Untersberge Niemandem mitteilst, ehe nicht 35 Jahre verstrichen sind, wenn Dir Dein Leben lieb ist. Wenn die 35 Jahre vorüber sind, so magst Du es offenbaren. Dass es aber auch alles dann kundbar werde, was Dir begegnet, beschreib alles genau und behalte es fleißig bei Dir. Es werden sich gefährliche Zeiten in der Welt zutragen, aber Diejenigen, welche an Gott glauben und auf ihn fest vertrauen, werden von allen Übeln befreit sein. Nun gehe hin im Namen des Friedens." Dann verschwand der Mönch und Lazarus trat den Heimweg nach Reichenhall an.

Zu Hause angekommen, wurde er mit Fragen von allen Seiten bestürmt. Er schwieg und erzählte nicht ein Wort von dem, was er gesehen und erlebt. Genau 35 Jahre nach dieser Begebenheit starb er, fromm und im Glauben, wie er gelebt. Am Totenbette übergab er seinem Sohne die Aufschreibung und dieser teilte sie der Welt mit.

DER FUHRMANN

Auch einem Weinfuhrmann ist es im Jahre 1794 so ähnlich ergangen wie 265 Jahre vorher Lazarus Gitschner. Ein Zwerg hielt ihn an, seine Ladung, die für jemand anderen bestimmt war, in den Berg zu fahren. Er brauchte es aber nicht zu bedauern, denn ihm wurde nicht nur Künftiges offenbart, sondern er erhielt zudem 180 Dukaten, die sich nach Verbrauch stets auf wundersame Weise erneuerten.

Eine wundersame Begegnung mit der unirdischen Welt des Untersberges hatte vor fast 300 Jahren einmal ein Fuhrmann. Sein Erlebnis wurde wie folgt beschrieben:

Im Jahre 1794 fuhr ein Fuhrmann mit einem beladenen Wagen aus Tirol nach Hallein, um dort seine Ladung zu verkaufen. Als er neben St. Leonhard zur Niederalm (einem Dorf nächst dem Untersberg) fuhr, kam ein Bergmännlein aus dem Untersberg hervor und fragte den Fuhrmann, woher er komme und was er da führe. Auf die Antwort des Fuhrmannes sprach das Bergmännlein: „Fahre mit mir, ich will dir gute Münze dafür geben, und zwar noch mehr, als du in Hallein dafür bekommen wirst." Der Fuhrmann aber wollte dies nicht tun. Da nun das Bergmännlein wahrnahm, dass er nicht mitfahren wolle, fasste es plötzlich die Pferde an den Mähnen und sprach: „Weil du nicht mitfahren willst, sollst du nicht wissen, wo du bist; ich will dich so führen, dass du dich nicht mehr auskennst." Der Fuhrmann war voller Ängste und wusste sich nicht zu helfen. Er ging deswegen mit dem Männlein und dieses führte die Pferde fleißig beim Zaume gegen den Wunderberg zu. Als sie näher dem Berg kamen überfiel ihn der Schlaf. Beim Erwachen sah er ein großes prächtiges Schloss, welches aus rotem und weißem Marmor erbaut und mit Fenstern aus Kristall versehen war, in dessen Mitte ein hoher Turm stand.

Außerhalb des Schlosses war eine hohe und dicke Mauer. Das Schloss stand auf einem behauenen und glatt abgeputzten Felsen. Bevor man zu dem Schloses kommen konnte, musste man über sieben Aufzugsbrücken und durch mehrere Tore hindurch. In dieses Schloss musste nun der Fuhrmann hineinfahren. Es waren lauter Bergmännlein. Einige von ihnen kamen vor das Schloss heraus, an der Spitze der Kellermeister, ein etwas stärkeres Männlein. Sein Bart reichte bis über seinen dicken Bauch hinab. „Willkommen, Fuhrmann!" sprach der Kellermeister, „fürchte dich nicht, ich werde dir zu essen und zu trinken geben, was dir gefallen wird." Nachdem sie in der Mitte des Hofes angekommen waren, führten sie den Fuhrmann in den unteren Teil des Schlosses in ein lichtes Gemach, gaben ihm zu essen und zu trinken, soviel er nur genießen konnte. Als er genug gegessen und getrunken hatte, luden sie ihn ein, das Schloss zu besichtigen. Er wurde über eine Stiege mit 35 messingenen Stufen in einen mit bedeckten Saal geführt, in welchem breite, aber nicht verglaste, Fenster waren; darauf in einen prachtvolleren zweiten, welcher mit kostbarem Marmor gepflastert war. In der Mitte des Saales standen vier hohe, aus Metall gegossene Riesen. Da der Fuhrmann die vier Riesen eine Zeit lang betrachtet hatte, sagte das Bergmännlein: „Verstehst du nicht, was diese Riesen samt dem Bergmännlein mit der Krone für die künftigen Zeiten bedeuten wollen?" Der Fuhrmann sagte: „Ich weiß es nicht."

Aus diesem Saal führten sie den Fuhrmann in einen dritten, der nicht weniger prächtig und schön geziert war. Darauf wurde über eine Stiege hinunter in den Keller gegangen, der mit Weinfässern so angefüllt war, dass man kein Ende sehen konnte. Von diesem Keller musste er mit ihnen in ein hohes Gewölbe, darinnen eine große Tafel stand. An diese setzte sich ein Bergmännlein, zog einen großen Beutel mit Geld heraus und gab dem Fuhrmann für den mitgebrachten und zugeführten Wein 180 Dutzend Dukaten, und zwar mit dem höflichsten Dank und mit den Worten: „Hebe dein Geld auf und kaufe dir um dasselbe anderen Wein. Du wirst mit diesem Gelde deine Lebenszeit Handel treiben können und es wird dir alles glücklich gelingen!"

Darauf kehrten alle ins Schloss zurück, aus welchem nur drei schwarzgekleidete Männlein traten und zum Fuhrmann sagten: „Du hast wohlgetan, dass du den Wein, den du mit dir geführt, hier zu verkaufen gegeben hast. Ermahne auch deinen Bruder, dass er verkaufe, womit ihn Gott zum Überfluss gesegnet hat." Voll Erstaunen über das Gesehene und Gehörte fuhr der Fuhrmann in Frieden weiter und sah sich plötzlich wieder an dem Orte, an welchem er zuerst mit dem Bergmännlein zusammengetroffen war. Die 180 Dutzend Dukaten verminderten und vermehrten sich bei seinem glücklichen Weinhandel nicht mehr.

-

DER KAMPF UM DEN UNTERSBERG

Ein besonders unheimliches Erlebnis mit den Untersbergern hatten einst zwei Gendarmen, die gegen 22:00 Uhr Abends von Glanegg nach Grödig unterwegs waren. Der Vorfall, der sich dabei zugetragen haben soll, wird in einem alten Bericht folgendermaßen geschildert:

Ungefähr eine Viertelstunde vor Grödig begegnete ihnen ein Zug grauer Männlein mit großen Bärten, schweigsam und lautlos. Die Gendarmen, an nichts weniger als an die Untersberger denkend, riefen dem Zuge ein „Halt!" entgegen. Doch die Männlein zogen ihres Weges weiter. Da griffen die Gendarmen zu ihren Waffen und schossen. Jetzt blieb der Zug stehen und der Anführer derselben hob dreimal drohend seine Rechte gegen die beiden Gendarmen. Darauf setzte sich der Zug wieder in Bewegung und war im nächsten Augenblick aus den Augen verschwunden.

In die Stadt zurückgekehrt, gaben sie sofort bei ihrem Kommando Meldung von diesem Vorfall. Einundzwanzig Tage darauf, sie waren inzwischen von Salzburg jeder in einen anderen Ort versetzt worden, wurden beide tot in ihren Betten aufgefunden.

DER BLICK IN DIE ZUKUNFT

Die Untersberger Zwerge wissen genau, was sich in fernen Tagen zutragen wird. Manchmal lüften sie ein wenig den Schleier, der uns Sterblichen das Zukünftige verbirgt, und gewähren einem Auserwählten einen Blick:

Zu einem Bauernknecht am Untersberg kam im Jahre 1847, zu welcher Zeit auch der dürre Birnbaum auf dem Walser Felde wieder zu grünen begann, ein Bergmännlein. Es forderte ihn auf, ihm zu folgen. Der Knecht kam diesem Verlangen mit großer Furcht nach. Das Männlein führte ihn auf einen Felsen, von welchem aus er das ganze Tal mit Soldaten überfüllt sah. Sie stiegen an eine höhere Stelle. Der Knecht sah das Tal voll Blut. Nun wies ihn das Manndl zur höchsten Spitze. Was er dort sah, trieb ihm das Wasser in die Augen. Er vertraute es keinem Menschen an und blieb von dort an traurig und niedergeschlagen.

Auch einem Zimmermann soll einst etwas Ähnliches zugestoßen sein:

Ein Zimmermann aus Hallein traf auf der Niederalmerbrücke um Mitternacht die Untersberger, welchen er sich anschloss. Am Berge angekommen, öffnete sich das Tor, und sie gingen hinein. Den Zimmermann führten zwei Mönche in eine Höhle, zeigten ihm ein Buch, in welchem Alles aufgezeichnet ist. Vor mehreren tausend Jahren wurde die erste Zeile geschrieben. Auch ist in diesem Buche Alles Zukünftige verzeichnet. Ein heißer Krieg wird ausbrechen, heiß und schnell. Wer während des Krieges auf Flucht geht, braucht nur einen einzigen Laib Brot mitzunehmen. Nach all dem Gesehenen würde er wieder die Pforte erblicken und nach Hause zurückkehren.

-

DIE DREI FRAUEN AN DER EISERNEN STIEGE

Zwei Studenten bestiegen einst bei Glanegg die Berge. Da erblickten sie auf einer Wiese unterhalb der steinernen Stiege drei Wildfrauen.

Die Burschen verhielten sich ruhig und beobachteten, wie die Frauen ihr goldglänzendes, langes Haar in der dortigen Quelle wuschen und sie dann bürsteten, dass es wie von Funken sprühte. Dabei sangen die Wildfrauen fröhliche Lieder und tanzten in ihren weißen Gewändern dazu. Ganz verzaubert sahen die Studenten zu, bis sie mit einem Mal plötzlich verschwunden waren.

-

DER ENTRÜCKTE JÄGER

Es hat sich im Jahre 1738 zugetragen, dass ein Jäger, welcher dazumal am Wunderberge seinen Forst hatte, seinem Bruder, Michael Holzögger, befahl, statt seiner zur Nachsicht wegen Wilddieben den Forst zu begehen. Wie befohlen ging er zum Berge und kam nicht wieder. Dem Bruder ward bange, er suchte ihn viele Tage in den Waldrevieren und Felsgeklüften des schaurig-schönen Untersberges, aber sie fanden ihn nicht.

Als nun fast vier Wochen vergangen waren, war der Jäger der festen Meinung, dass dem Michael Gleiches geschehen war, da er so lange ausblieb. Er beschloß, für den Verlorenen auf der Gmain, wo sich nahe des Berges eine Wallfahrt befindet, einen Gottesdienst halten zu lassen. Als man für den Totgeglaubten die Seelenmesse las, trat er in die Kirche, gesund und in seiner schmucken Bergschützentracht, wie man sie an ihm stets gewohnt war. Er wollte Gott für seine Rückkehr danken, denn er war, wie Lazarus Aizner oder Gitschner, in den Untersberg entrückt gewesen.

Die Sage von dem, was sich mit Michael Holzögger zugetragen hat, kam auch zu Ohren des damals regierenden Erzbischofs von Salzburg, Firmian, welcher den Jäger rufen ließ, um von ihm das Wahre über diesen Wunderberg einzuholen. Dieser aber gab dem Bischof zur Antwort, er dürfe nicht sprechen, außer wenn ihm die Erlaubnis gegeben würde, dem Bischof selbst beichten zu dürfen. Da ihm seins Ansuchen ohne weiteres bewilligt wurde, legte er Beichte von Seitens des Jägers ab. Nach dieser wurde auch der Bischof nachdenkend und tiefsinnig.

DIE VERZAUBERTEN GOLDSCHÄTZE AUF DEM UNTERSBERG

In Salzburg saß ein Bürger und Gastgeber, mit Namen Hans Gruber, Holzmeister auf dem Untersberg. Er lebte schlecht und recht, und schaute einst seinen Holzknechten zu auf einem grünen Plätzchen im Walde, nahe der „steinernen Wand". Es war ein heiterer Tag, der Holzmeister aß sein Brot und trank aus einem klaren Brünnlein, das an jener lieblichen Stelle ausquoll. Mit einem Male sah Gruber an der steinernen Wand eine zuvor nie bemerkte eiserne Türe offen und es stand ein Mann, gestaltet wie ein Mönch, dort. Dieser sprach: „Hans, komm herein!" Er aber erschrak und antwortete: „Nein! Ich fürchte mich!" Da sprach der Mönch zum dritten Male: „Gehe herein, du darfst dich nicht fürchten!" Der Mönch hatte eine goldene Kette am Arm und bot sie dem Gruber an, mit den Worten: „Nimm die Kette, so hast du mit allen den Deinigen ein Leben lang genug!" Doch der Holzmeister weigerte und rief: „Ich gehe nicht hinein! Schenke mir ein Glied deiner Kette!" - Da riss der Mönch drei Glieder ab, warf sie ihm zu, und Gruber fing sie mit dem Hute, der Mönch aber rief: „Lass niemanden diese Kettenglieder sehen, bis du sie drei Tage in deinem Hause behalten hast! Hättest du sie nicht aufgefangen, so wärest du nicht mehr lebendig geworden. Bete!"

Der Holzmeister warf einen Blick durch die Tür, da schien es, als erblicke er im Berge eine neue Welt. Da sprach der Mönch: „Behüte dich Gott und sei fein demütig dein lebelang!", damit schlug er die eiserne Tür zu, dass es im Berge einen mächtigen Hall gab. Die Gabe schob Gruber in seine Rocktasche und behielt sie drei Tage. Als er nachmals seinen Knechten erzählt hatte, was ihm begegnet war, suchten sie mit ihm die eiserne Türe, fanden sie aber niemals, sondern sahen nur die steinerne Wand. Demselben Holzmeister soll es auch zu einer andern Zeit begegnet sein, als er sich in seinen Verrichtungen verspätete, dass er droben in einer Höhle seine Nachtruhe suchen musste. Des andern Tages kam er an eine Steinklippe, aus der ein glänzender, schwerer Goldsand herabrieselte. Er setzte ein Krüglein unter und als es angefüllt war und er hinwegging, sah er eine Türe sich auftun. Das Krüglein behielt er und es glückte ihm noch oft, es gefüllt nach Hause zu tragen, und der Sand warf so viel Geld ab, dass Gruber nie Mangel litt. Nach seinem Tode war kein Segen mehr bei dem von ihm hinterlassenen Golde.

Im Jahre 1553 ging eine Kräutersammlerin von Salzburg auf den Untersberg. Als sie auf herumging, kam sie auch an eine Steinwand. Da lagen Brocken, grau und schwarz, wie Kohlen. Sie hob etliche davon auf, steckte sie zu sich und fand, als sie nach Hause gekommen war, zu ihrer großen Freude, dass klares Gold in den Brocken enthalten war. Alsbald machte sie sich wieder auf, um mehrere solcher Brocken zu holen. Sie konnte jedoch den Ort nicht mehr finden.

Im Jahre 1753 ging Paul Meyer, beim Hofwirt zu St. Zeno in Dienst stehend, auf den Untersberg, und als er unweit des Brunnentals fast die halbe Höhe des Berges erreicht hatte, kam er zu einer Steinklippe, worunter ein Häuflein Goldsand lag. Aus Fürwitz nahm er diesen mit und füllte all seine Taschen damit. Mit Freuden wollte er nach Hause gehen, als plötzlich ein Fremder vor seinem Angesichte stand und sprach: „Was trägst du da?“ Paul Meyer blieb vor lauter Furcht stumm vor dem Fremden stehen. Dieser ergriff ihn und leerte ihm alle Taschen aus, mit den Worten: „Jetzt gehe nimmer den alten Weg zurück, sondern einen andern, und sofern du dich hier wieder wirst sehen lassen, wirst du nicht mehr lebendig davonkommen!“ Den guten Dienstknecht reizte aber das Gold, und er beschloss, der drohenden Warnung ungeachtet, den Goldsand noch einmal zu suchen. Er nahm daher zu anderer Zeit eine tüchtige Wehr mit, aber wie sie auch umherirrten und den Ort suchten, es war alles vergebens, und sie konnten ihn nimmermehr wiederfinden.

-

KÖNIG WATZMANN

Südöstlich von Salzburg streckt, mit ewigem Schnee bedeckt, hoch über sieben niedrigere Zinken ein Berg, zwei riesige Zackenhörner gen Himmel, das ist der über neuntausend Fuß hohe Watzmann. Von ihm erzählt das umwohnende Volk aus grauen Zeiten her diese Sage. Einst, in undenklicher Frühzeit, lebte und herrschte in diesen Landen ein rauer und wilder König, Watzmann. Er war ein grausamer Wüterich, der bereits aus den Brüsten seiner Mutter Blut getrunken hatte. Liebe und menschliches Erbarmen waren ihm fremd, nur die Jagd war seine Lust. Sein Volk sah ihn durch die Wälder toben mit dem Lärm der Hörner, dem Gebell der Rüden, gefolgt von seinem ebenso rauen Weibe und seinen Kindern, die zu böser Lust auferzogen wurden.

Bei Tag und Nacht durchbrauste des Königs wilde Jagd die Gefilde, Wälder und Klüfte, verfolgte das scheue Wild, vernichtete die Saat und mit ihr die Hoffnung des Landmanns. Eines Tages jagte der König wieder und kam auf eine Waldestrift, auf welcher eine Herde weidete und ein Hirtenhaus stand. Ruhig saß vor der Hütte die Hirtinund hielt mit Mutterfreude ihr schlummerndes Kindlein in den Armen. Neben ihr lag ihr treuer Hund, und in der Hütte ruhte ihr Mann, der Hirte.

Jetzt unterbrach der tosende Jagdlärm den Naturfrieden dieser Waldeinsamkeit, der Hund der Hirtin sprang bellend auf, da warf sich des Königs Meute auf ihn und einer der Rüden biss ihm die Kehle ab, während ein anderer seine scharfen Zähne in den Leib des Kindleins schlug und ein dritter die vor Schreck erstarrte Mutter zu Boden riss. Der König eilte heran, stand und lachte. Plötzlich sprang der vom Gebell der Hunde, dem Geschrei des Weibes, erweckte Hirte aus der Türe und erschlug einen der Rüden, welcher des grausamen Königs Lieblingsgetier war. Darüber wütend hetz der König mit teuflischem Hussa Knecht und Hund auf den Hirten, der sein ohnmächtiges Weib erhoben und an seine Brust gezogen hat und verzweiflungsvoll erst auf sein zerfleischtes Kind und dann gen Himmel blickt. Bald sanken beide zerrissen von den Untieren zu dem Kinde nieder, und der blutdürstige König lachte wieder. Ein dumpfes Brausen erhob sich, ein Donner in den Höhen, ein Heulen in den Klüften und die Hunde zerfleischten den König, die Königin und seine sieben Kinder, dass ihr Blut zu Tale strömte. Ihre Leiber aber wuchsen versteinernd zu Bergen. So steht noch der König Watzmann, ein kalter Bergriese, zur Erinnerung da, neben ihm sein Weib, um ihn die sieben Kinder, tief unten die weiten Becken zweier Seen, in welche einst das Blut der Grausamen floss.

-

DER UNTERSBERG IM BERCHTESGADENER LAND

Der Untersberg, von vielen auch der Wunderberg geheißen, steht eine Meile von Salzburg an dem grundlosen Moos, wo einst vor alten Zeiten die große Hauptstadt Helfenburg gestanden haben soll. Er ist 6798 Fuß hoch und reich an Wäldern, Wild und heilsamen Kräutern, an Marmor und anderem kostbareren Erz und Gestein.

Ein altes Buch sagt, dass öfters fremde Kunsterfahrene aus Welschland herbeikamen, die Erze und Mineralien bearbeiteten, sich nebenbei aber der Bosheit gebrauchten, die Fundgruben den Umwohnern aus Neid zu verhehlen und zu verblenden. Zahllose Sagen gehen von dem Untersberg in alle Welt. In seinem Inneren sei er ganz ausgehöhlt und mit Palästen, Kirchen, Klöstern, Gärten, Gold- und Silberquellen, versehen. Kleine Männlein bewahren die Schätze und wandern oft um Mitternacht nach Salzburg, um in der Domkirche Gottesdienst zu halten. Auch höre man nachts in dem Wunderberge Kriegsgetümmel und Schlachtgetön. Zur mitternächtigen Geisterstunde kommen die Riesen hervor, steigen zum Gipfel und schauen gen Osten unverwandt. Wenn es dann Zwölf schlägt, erlischt ihr Flammenlicht, die Riesen verschwinden, und es treten die Zwerge aus dem Bergesinnern, brechen das Erz und hämmern am Gestein. Vieles auch, weiß die Sage von den wilden Frauen des Untersberges zu berichten. Wilde Frauen in weißen Gewändern, mit fliegenden Haaren, an den Firsten des Berges. Sie sangen schöne Lieder. Im Schoß des Berges sitzt verzaubert ein alter Kaiser. Einige sagen, Karl der Große sei es, andere nennen Friedrich den Rotbart, der sich in das Unterschloss auf dem Kyffhäuser in Thüringen verwünscht haben und dort noch sitzen soll. Wieder andere lassen Kaiser Karl V den sein, der im Untersberg verzaubert verweile. Mancher soll ihn gesehen haben, im Kreise glänzender Wappner, sitzend an einem Tisch von Marmelstein. Auch die Tochter des Kaisers wohnt daselbst und hat sich zum Öfteren freundlich gegen solche gezeigt, die zu günstiger Stunde in den Berg traten.

Auch vernimmt man bisweilen kriegerische Musik aus des Berges Höhlen, besonders bei bevorstehendem Kriege. Mit anbrechendem Tage eilen sie in den Untersberg zurück, durch eine nur selten und nur wenigen sichtbare eherne Pforte, welche beim Hallthurm, hinter den Trümmern der Burg Plauen, zwischen den Steinklüften eingestürzter Felsen, zu Tage geht.

-

DIE GOLDENEN KOHLEN

Nahe der steinernen Wand am Untersberg war ein Hügel, in dessen Nähe zwei Holzknechte beschäftigt waren. Von ungefähr erblicken sie einen Haufen Kohlen, die, von der Sonne hell beschienen, dort am Hügel lagen. Das verwundert die beiden, denn sie können nicht denken, wie die Kohlen an diesen Ort kommen. Beim Nachhausegehen, als sie eben an einem kleinen Weiher vorbeikommen, das in der Klamm, einer Schlucht ähnlichen Vertiefung, liegt, denkt und spricht der Erste: „Ach! zu was sind mir die Kohlen nütze? Was schleppe ich mich damit?“ und wirft sie hinab ins Wasser. Kaum hat er's getan, so reut es ihn, denn plötzlich schimmert die Oberfläche des Weihers, als sei sie mit flüssigem Gold übergossen. Der andere Holzknecht, der das auch sah, hat seine mitgenommenen Kohlen wohl behalten und zu Hause angekommen, hatte sich alles in pures Gold verwandelt. Jetzt lief der Erste eilend wieder hinauf, aber an der Stelle, wo zuvor die Kohlen gelegen war, lag ein ganzer Klumpen Attern und Nattern, die grimmig gegen ihn zischten. Und wäre er nicht gleich entwichen, so wären sie alle auf ihn losgeschossen.

-

DIE ENTRISCHE KIRCHE

Nicht fern am Wasserfall der Gasteiner Ache und der schauerlichen Klamm bei Innsbruck zeigt sich hoch oben an der Kalkfelsenwand eine Höhle, welche die Umwohner die entrische Kirche nennen, was ungefähr so viel wie: „Die Riesenkirche" bedeutet.

Mächtige Riesen und Männer, wie sie auf dem Salzburger Untersberg heimisch waren, hausten dort droben, besaßen furchtbare Stärke, warfen eiserne Pflugschaaren über das ganze Thal, neckten die vorüberziehenden Wanderer und bewarfen diese mit Äpfeln, die sie von den Bäumen nahmen, welche vor ihrer Felshöhle wuchsen. Bisweilen überraschten die wilden Männer auch die Talbewohner durch unverhoffte Geschenke wie zum Beispiel frische Milch. Die Sage liebt es, Bergeshöhlen nicht selten Kirchen zu nennen. So ist hoch über dem Kaprunthale am Wiesbacherhorn auch eine Heidenkirche.

DIE VERSUNKENE STADT JUVAVIA

Vor Urzeiten lag am Untersberg eine schöne Stadt mit dem Namen Juvavia. Ihre Bewohner hatten alles im Überfluss. Sie waren stolz und hoffärtig und führten einen sündigen Lebenswandel. Eines Tages hatte ihre Lasterhaftigkeit das Maß überschritten und der Himmel verhängte ein furchtbares Strafgericht über sie.

In einer finsteren Nacht brach ein Unwetter ein, wie es seit Erschaffung der Welt keines gegeben hatte. Unendliche Wassermassen brachen aus den Wolken hervor. Die Erde riss auf und aus den Spalten quoll das Wasser sprudelnd hervor. Bäche und Flüsse traten über ihre Ufer und in kürzester Zeit war die ganze Stadt überflutet. Alle Einwohner kamen ums Leben und die Häuser versanken im Schlamm.

Impressum

© 2013 Jana Pordiáz

Kontakt: janapordiaz@googlemail.com

Herstellung und Verlag: GD Publishing Ltd. & Co KG"

Bibliografische Information der Deutschen Nationalbibliothek: Die Deutsche Nationalbibliothek
verzeichnet diese Publikation in der Deutschen Nationalbibliografie; detaillierte bibliografische
Daten sind im Internet über www.dnb.de abrufbar.

Quellennachweis:

- *Zeitmaschinen von Norbert Jürgen Ratthofer*
- *Salzburger Höhlenbuch Band 1*
- *Volkssagen, Märchen und Legenden des Kaiserstaates Österreich, Ludwig
  Bechstein 1840*